BEI GRIN MACHT SICH IHR WISSEN BEZAHLT

- Wir veröffentlichen Ihre Hausarbeit, Bachelor- und Masterarbeit

- Ihr eigenes eBook und Buch - weltweit in allen wichtigen Shops

- Verdienen Sie an jedem Verkauf

Jetzt bei www.GRIN.com hochladen und kostenlos publizieren

Bibliografische Information der Deutschen Nationalbibliothek:

Die Deutsche Bibliothek verzeichnet diese Publikation in der Deutschen National-
bibliografie; detaillierte bibliografische Daten sind im Internet über http://dnb.d-
nb.de/ abrufbar.

Impressum:

Copyright © 2009 GRIN Verlag, Open Publishing GmbH
Druck und Bindung: Books on Demand GmbH, Norderstedt Germany
ISBN: 9783640586295

Dieses Buch bei GRIN:

http://www.grin.com/de/e-book/148378/hydrogeographie

Heiko Lindner

Hydrogeographie

Wasserbilanz und Abfluss in Deutschland

GRIN Verlag

RWTH Aachen
Geographisches Institut
Proseminar Geographie

20.11.2009

Wintersemester 2009/2010
Hausarbeit

Hydrogeographie

Wasserbilanz und Abfluss in Deutschland

Heiko Lindner

Heiko Lindner

1. Semester
Studienfach: B. Sc. Angewandte Geographie

Inhaltsverzeichnis

1 Einleitung

Eine besondere Eigenschaft der Geographie ist ihre Interdisziplinarität. Dies wird auch beim Thema *Hydrogeographie*, als Teildisziplin deutlich. Sie basiert auf den Grundlagen der Hydrologie, also der

> Lehre von den physikalisch, chemisch, und biologisch bedingten Erscheinungsformen des Wassers, [...] seiner Verteilung nach Raum und Zeit sowie seiner Wirkungen einschließlich anthropogener Einflüsse.
>
> (Wilhelm 1997: 16)

Somit betrachtet die Hydrologie Wasser als einen Teil der Naturausstattung. Auf den Raum bezogen - als Naturraumausstattung - bildet Wasser mit seinen Eigenschaften und darin gebundenen Energien, ein Naturraumpotential, das Wasserpotential (ebd.: 18).

Daraus erschließen sich die Aufgaben der Hydrogeographie. Es gilt beispielsweise vom Naturraum her die Teilpotentiale des Wassers zu beschreiben und zu erklären. Wasser als Ressource wird hinsichtlich Quantität und Qualität betrachtet. In Bezug auf Quantität zielt sie deshalb auf den Wasserhaushalt, mit den Veränderungen der Speicherinhalte sowie das Abflussverhalten; bei der Qualität dementsprechend auf die Gewässergüte (ebd.: 19). Weiter befasst sich die Hydrogeographie mit den anthropogenen Einflüssen in die Ressource Wasser - hinsichtlich Ansprüchen und Eingriffen - je nach den kulturell und zivilisatorisch verschiedenartigen Gesellschaften, an die vielfältigen Nutzungsmöglichkeiten des Wassers.

Um die nutzbare Menge des Wassers für einen Raum zu bestimmen und so eine nachhaltige, rationale Nutzung des Wasserhaushalts möglich zu machen gilt es eine Bilanz aufzustellen: die Wasserbilanz.

Auf den folgenden Seiten soll in diesem Sinne dargestellt werden, welche Größen für die Wasserhaushaltsgleichung von Belang sind. Es wird auch auf naturwissenschaftliche Zusammenhänge eingegangen aber auf Grund des begrenzten Umfangs der Arbeit nicht auf absolute Vollständigkeit wertgelegt. Es soll daher eher eine Art Überblick sein.

2 Klärung von relevanten Begriffen

Um die Wasserbilanz näher erörtern zu können muss zunächst der Wasserkreislauf betrachtet werden. Es wird in kleinen, großen und globalen Wasserkreislauf unterschieden, wobei der kleine nur die Festlandfläche einbezieht, der große zusätzlich den Ozean. Der globale Wasserkreislauf zeigt sich als geschlossenes System (Gebhardt et al. 2007: 452).

Der Wasserkreislauf setzt sich grundsätzlich aus den Faktoren Niederschlag (siehe Kap. 2.2), Abfluss (siehe Kap. 2.3) und Evapotranspiration (siehe Kap. 2.4) zusammen. Bei fortführender Betrachtung wird zusätzlich die relative Veränderung von Speichern mit einbezogen. Betrachtet man kein natürliches Einzugsgebiet sondern einen politisch abgegrenzten Raum kommt der Zufluss aus Anliegerstaaten hinzu (ebd.: 452 f.). Auf diese einzelnen Faktoren und Begriffe wird hier im Folgenden eingegangen.

2.1 Einzugsgebiet

Befassen die hydrogeographischen Untersuchungen nur begrenzte Teilabschnitte, die im Gegensatz zum globalen Wasserkreislauf offene Systeme darstellen, dient als Untersuchungseinheit das Einzugsgebiet, wobei zwischen Oberflächen-Einzugsgebieten und unterirdischen Einzugsgebieten unterschieden wird.

Ober- und unterirdische Einzugsgebiete müssen nicht in ihren Abgrenzungen identisch sein. Generell werden sie von den so genannten Wasserscheiden begrenzt, jenen Isolinien, die die höchsten Punkte der Falllinien verbinden (Wilhelm 1997: 20).

2.2 Niederschlag

Die wichtigste Inputgröße in der Wasserhaushaltsgleichung ist die Niederschlagsmenge.

Niederschlag entsteht - vereinfacht - durch Kondensation oder Sublimation von Wasserdampf in der Atmosphäre (Wilhelm 1997: 40). Klassisch als Niederschlag bekannt sind Formen wie Regen, Schnee und Hagel, hinzuzählen muss man jedoch auch Tau, Reif und die Nebeltraufe, welche durch Kondensieren oder Gefrieren an Pflanzenteilen oder direkt am Boden entstehen (Schönwiese 2008: 82).

Die Messung des Niederschlages wird mit einem Regenmesser oder Totalisator durchgeführt wobei die Niederschlagsmenge in l/m² angegeben wird; dies entspricht einer Niederschlagshöhe in mm und wird später so in der Wasserbilanzgleichung als Einheit verwendet (ebd.: 83).

Erreicht der Niederschlag den Boden und bleibt nicht an Oberflächen der Vegetation, kann er in den Boden je nach Substrat infiltrieren oder läuft gleich oberflächig ab. Verdunstet er jedoch an der Vegetation spricht man von Interzeption (Wilhelm 1997: 48).

2.3 Abfluss und Zufluss

Kann der Niederschlag in den Boden eindringen, versickert er in Abhängigkeit der Bodenbeschaffenheit bis eine Wassersättigung des Bodens eintritt. Sind die Fähigkeiten des Bodens hinsichtlich der Infiltrationsrate (Aufnahmefähigkeit in mm/min) gering, so tritt Oberflächenabfluss (Horton'scher Abfluss) ein, ebenso wenn der Boden gesättigt ist (Sättigungsabfluss) (Zepp 2008, 119).

Das Versickern in den weiteren Untergrund kann aufgrund der Bodenhorizonte nicht ungehemmt erfolgen, es kommt zum Zwischenabfluss oder Interflow, der zwischen Bodenoberfläche und Grundwasserspiegel verläuft (Gebhardt et al. 2007, 458). Erreicht das Wasser stauende Schichten bildet sich Grundwasser, das sämtliche Hohlräume im Boden ausfüllt und sich in Richtung der Schwerkraft bewegt. Dies bildet den Basisabfluss (Zepp 2008, 118).

Erreichen die verschiedenen Abflussarten Gerinne, so bilden sich als unmittelbare Reaktion auf das Niederschlagsereignis der Direktabfluss, worauf mit einiger Verzögerung der Zwischenabfluss folgt sowie der Basisabfluss, der zwischen Hochwasserereignissen abfließt.

Während der Direktabfluss große Teile des Oberflächenabflusses enthält wird der Zwischenabfluss überwiegend durch den Interflow gespeist. Der Basisabfluss wird durch das Grundwasser aufrecht erhalten (ebd. 2008, 119).

Ist die Geometrie eines Gerinnebettes bekannt, so wird die Abflussmenge Q (m³/s) anhand des Fließquerschnitts A (m²) und der Fließgeschwindigkeit v (m/s) bestimmt. Die Formel hierzu lautet: $Q = A \cdot v$ (ebd.: 122).

Ebenso erhöht sich die Fließgeschwindigkeit. Nahe der Gewässersohle tendiert die Geschwindigkeit gegen 0. Mittig, nahe der Oberfläche eine Gewässers ist die

Geschwindigkeit am höchsten, an der Sohle auf Grund der Reibung am niedrigsten.

Mit der Vorraussetzung, dass kein Wasser zuströmt bzw. verloren geht, gilt die Abflussgleichung als Kontinuitätsgleichung $Q = v_1 \cdot A_1 = v_2 \cdot A_2$ (ebd.: 123). Für ein natürliches Gewässer gilt jedoch das Wasser durch Niederschläge zugeführt aber auch durch Verdunstung in die Atmosphäre abgegeben wird.

Betrachtet man kein natürliches Einzugsgebiet sondern z. B. ein politisches, fließt auch der Zufluss, sowohl ober- als auch unterirdisch, aus Oberliegern als Input in die Bilanzgleichung mit ein. Zufluss ist somit der sozusagen der Abfluss aus Anrainerstaaten.

2.4 Evapotranspiration

Die Verdunstung oder Evaporation bildet eine weitere Outputgröße in der Wasserbilanzgleichung. Wobei der eigentliche Begriff der Evapotranspiration zwei wesentliche Faktoren der Verdunstung zusammenfasst. Zum Einen die Evaporation also die Verdunstung von Wasser in der unbelebten Natur, zum anderen die Transpiration also die Verdunstung in belebter Natur. Letztere schließt auch die Interzeption also die Verdunstung von Wasser an Pflanzenteilen, welches nicht in den Boden gelangt, ein (Schönwiese 2008: 154).

Physikalisch betrachtet ist die Verdunstung der Übergang vom flüssigen in den gasförmigen Aggregatzustand „bei Aufnahme einer latenten Wärme (bei 20°C und 1013 hPa von 2453,4 $J \cdot g^{-1}$)" (Wilhelm 1997: 144).

Eine genaue Messung der Evapotranspiration ist bislang ungelöst. Neben verschiedenen Messverfahren besteht daher die Möglichkeit die Verdunstung mathematisch zu berechnen. Für die Verdunstung von freien Wasserflächen geht man von zwei Modellen aus, bei dem das Eine auf dem Wassermassenaustausch zwischen Wasseroberfläche und Luft basiert, das Andere auf der Energiebilanz (Wilhelm 1997: 145). Im Gegensatz hierzu ist die Verdunstung auf bewachsener Landoberfläche kaum greifbar, bildet doch die Vegetation eine wesentlich größere Oberfläche, als beispielsweise eine freie Wasserfläche (Wilhelm 1997: 150). Hier wird zwischen potentieller und realer Evapotranspiration unterschieden. Die potentielle Evapotranspiration ist hierbei die nach Vegetation und Wasserversorgung die überhaupt mögliche Verdunstung; die reale Evapotranspiration errechnet sich aus den Jahresniederschlagssummen und der Jahresmitteltemperatur. Bei diesen Verfahren handelt es sich aber nur um Schätzungen (Wilhelm 1997: 150 ff.). Der Deutsche Wetterdienst nutzt zur Ermittlung der Verdunstung die sogenannte Grasreferenzverdunstung. Hier wird mittels standardisierter Böden und Grasdecken sowie optimaler Wasserversorgung die Verdunstung gemessen und auf die Umgebung projiziert. Dieses Verfahren gibt also auch nur schätzungsweise die potentielle Verdunstung einer Oberfläche wieder.

2.5 Speicher

Wasserspeicher besitzen ebenfalls eine Relevanz in der Wasserhaushaltsglei-chung. Hierbei werden insbesondere die Veränderungen der Speicherinhalte berücksichtigt. Zu den Speichern gehören neben dem Grundwasser als größter Speicher Seen, Talsperren und Flüsse aber auch je nach dem betrachteten Zeitintervall Schneedecken und Gletscher (Gebhardt et al. 2007: 453) sowie den Wassergehalt in der Vegetation (Schönwiese 2008: 154). Speicher geben im Prinzip Wasser mit Zeitversatz wieder ab.

2.6 Wasserbilanzgleichung

Die Wasserbilanzgleichung setzt sich aus den zuvor genannten Größen zusammen. Um die gleichen Einheiten zu erhalten müssen zunächst sämtliche Größen auf die Wassersäule pro Fläche in mm umgeformt werden und auf den betrachteten Zeitraum bezogen werden, dies gilt z. B. für den Abfluss der in der Regel in m³/s angegeben wird.

Aus den Inputgrößen Niederschlag (N) und dem Zufluss (Z), den Outputgrößen Abfluss (A), Evaporation (V_E)und Transpiration (V_T) zusammengefasst zur Verdunstung ($V = V_E + V_T$) und der Quantifizierung der Speicher (ΔS) ergibt sich für eine ausgeglichene Wasserbilanz

$$N + Z - A - V \pm \Delta S = 0$$

(Wilhelm 1997: 153, Schönwiese 2008: 154)

3 Wasserbilanz und Abfluss in Deutschland

Für die Wasserbilanz in Deutschland gilt, das es sich hier um ein politisch abgegrenztes Gebiet handelt, also kein natürliches Einzugsgebiet. Zur Wasserbilanzgleichung müssen demnach zusätzlich Zuflüsse aus Nachbarstaaten hinzugefügt werden (Gebhard et al. 2007: 453).

Weiter muss, da es sich bei Deutschland um eine hochentwickelte Industrienation handelt, auch der anthropogene Einfluss auf den Wasserhaushalt, insbesondere aus wirtschaftlichen Gründen aber auch aus Gründen des Wohlstandes, beachtet werden. Hierzu zählen der nicht unerhebliche Wasserbedarf von Haushalten, der Industrie und der Landwirtschaft.

3.1 Niederschlag und Verdunstung in Deutschland

Der Jahresniederschlag wird für Deutschland mit 859 mm (BfG, Koblenz in Gebhardt et al. 2007: 454) angegeben.

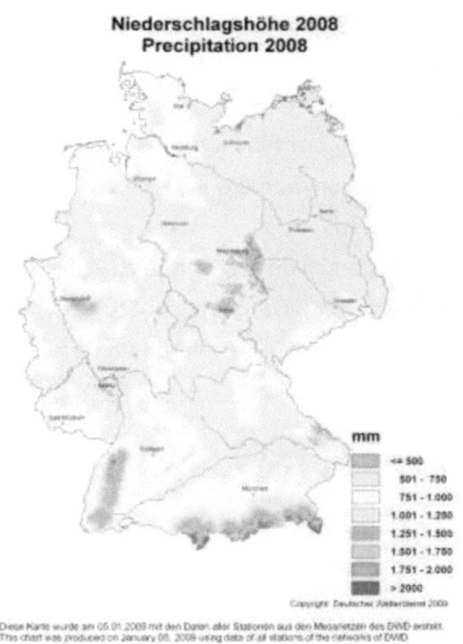

Abb. 3-1: Mittlere Niederschlagshöhe in Deutschland 2008 (Deutscher Wetterdienst (2009), 17.11.2009)

In Abbildung 3-1 ist hierzu die Verteilung der mittleren Niederschlagshöhe auf die Fläche der Bundesrepublik Deutschland im Jahre 2008 dargestellt.

Es wird verdeutlicht, dass die Niederschlagsverteilung in Deutschland vom Relief und von der Westwindexposition abhängig ist. So sind die Niederschlagshöhen jeweils im Bereich der Mittelgebirge, zum Beispiel im Harz und im Sauerland und noch stärker ausgeprägt im Alpenvorland deutlich höher als in den Niederungen.

Analog zur Niederschlagshöhe zeigt Abbildung 3-2 die mittlere Verdunstung im gleichen Zeitraum ebenfalls bezogen auf Deutschland. Die Karte stellt dar, dass die Verdunstung in den Niederungen höher ist als in den Gebirgen, dies hängt hier von den Temperaturunterschieden in den verschiedenen Höhen ab. Signifikant ist die hohe Verdunstungsrate im Bereich des Oberrheingrabens. Hier spielt die aus dem Mittelmeerraum einströmende, warme Luft eine wichtige Rolle.

Insgesamt wird die Verdunstung, bestehend aus Evapotranspiration und Interzeption, für Deutschland mit 532 mm Wassersäule beziffert (BfG, Koblenz in Gebhardt 2006: 454).

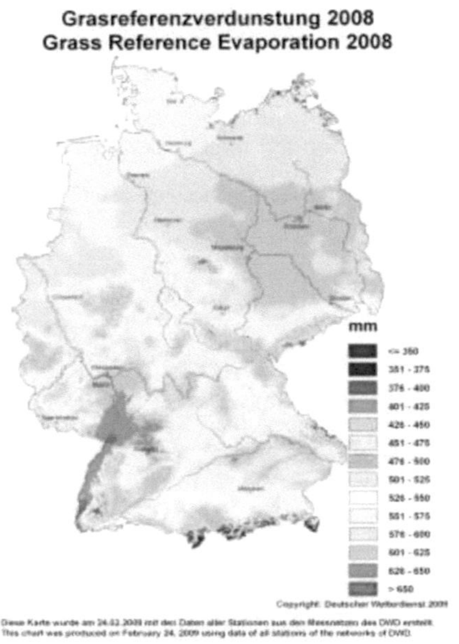

Abb. 3-2: Grasreferenzverdunstung in Deutschland 2008 (Deutscher Wetterdienst (2009), 17.11.2009)

3.2 Abfluss in Deutschland

Der Abfluss in Deutschland findet zum größten Teil oberirdisch statt (Wilhelm 1997: 159). Von den 495 mm (BfG, Koblenz in Gebhardt 2006: 454), die oberirdisch zum Meer bzw. zu den Unterliegern abfließen, entfallen unter den Hauptflüssen 200 mm auf den Rhein (LANUV NRW 2009, 17.11.2009), 134 mm auf die Donau (HND Bayern 2009, 17.11.2009), 65 mm auf die Elbe (Irber et al. 2009: 7, 19.11.2009) und 29 mm auf die Weser (WSV 2009, 18.11.2009).

Zum besseren Verständnis bzw. zur leichteren Verarbeitung wurden die hier in mm Wassersäule angegebenen Werte zunächst von ihren ursprünglichen Einheiten, nämlich die Abflussvolumen in m³/s, umgerechnet (Schönwiese 2008: 156).

Die Pegel an denen die jeweiligen Abflüsse gemessen wurden liegen entweder - bei Elbe (Pegel Geesthacht) und Weser (Pegel Intschede) - an der Tidengrenze oder - bei Donau (Pegel Ilzstadt) und Rhein (Pegel Rees) - in unmittelbarer Nähe zur Landesgrenze.

Neben dem Abfluss über die weiteren, kleineren und größeren Flüsse fließt ein geringer Teil des Wassers von ca. 10 mm unterirdisch zum Meer ab (BfG, Koblenz in Gebhardt 2006: 454).

3.3 Einflüsse des Menschen auf die Größen des Wasserhaushalts

Wesentliche Einflüsse des Menschen auf Input-Größen werden bei Betrachtung von natürlichen Einzuggebieten deutlich. So zum Beispiel durch Beileitungen von Flüssen innerhalb eines Einzugsgebietes oder durch Überleitungen von Wasser aus benachbarten Einzugsgebieten. Wilhelm (1997: 20 ff.) gibt hierfür als Beispiel die Überleitung der Isar und des Rißbaches bei Krün zur Vergrößerung des Durchflusses im Walchenseekraftwerk an. Hier betrug der Abfluss des Walchensees zunächst 2,3 m³/s. Später, zusammen mit den Abflussvolumen der Isar (13 m³/s) und des Rißbaches (8 m³/s), konnte ein Durchfluss durch die Turbinen von ungefähr 23 m³/s erreicht werden. Hier wird also eine Einflussnahme aus energiewirtschaftlichen Gründen deutlich.

Weiter beeinflusst der Mensch in Deutschland durch zunehmende Versiegelung der Erdoberfläche, zum Beispiel durch Bebauung und die Veränderung bzw. die Verringerung der Vegetationsflächen sowohl die Verdunstung als auch den Abfluss (Schönwiese 2008: 155). Es wird beispielsweise durch die Versiegelung verhindert, dass Wasser in den Boden gelangt sondern in die Kanalisation eingeleitet wird. Somit wird es früher oder später einem Vorfluter zugeführt. Es kommt hier also zu einer Verschiebung innerhalb der Bilanzgrößen. Während das Niederschlagswasser ursprünglich zum Teil verdunstet und/oder versickert wäre, fließt es nun als Oberflächenabfluss ab. Es kann sich also weniger Grundwasser bilden, was sowohl einen Einfluss auf den Basisabfluss eines Gewässers als auch auf die Speichergröße Grundwasser hat.

Einwirkungen auf die Vegetation können sich ebenfalls auf die Grundwasserneubildung auswirken (Gebhardt 2006: 459). Von landwirtschaftlichen Flächen verdunstet je nach Anbau unterschiedlich viel Wasser. Kulturpflanzen benötigen durch ihren immer stärkeren Zuwachs und ihre größeren Erträgen immer mehr Wasser, das zum Einen durch den photosynthetischen Stoffwechsel in die Pflanze integriert wird, zum Anderen wird über den Stoffwechsel, dadurch das eine Pflanze mehr Laub besitzt, auch mehr Wasser transpiriert (Wilhelm 1997: 145).

Neben diesen eher unabsichtlichen Eingriffen in den Wasserspeicher Grundwasser wird dieses bei größeren Bauvorhaben und insbesondere im Tagebau großflächig abgesenkt und Flüssen zugeführt. Ferner werden in Deutschland zwischen 38,5% (Nordrhein-Westfalen) und 100% (Schleswig-Holstein) des Trinkwassers aus Grundwasser gewonnen (Busskamp 2003 zitiert in Gebhardt et al. 2006: 459). Insgesamt wurden in Deutschland im Jahr 2000 44929 Millionen m³ Wasser aus der Natur entnommen (Statistisches Jahrbuch 2009: 293) davon entfielen 12% an die Haushalte, 68% an die Industrie und 20% an die Landwirtschaft. Der Pro-Kopfverbrauch lag 2001 bei 460 m³/a (CIA 2009, 15.11.2009).

Dazu wird, um bestimmte Regionen Deutschlands mit Wasser zu versorgen, Wasser mittels Fernleitungen aus wasserreichen in Bereiche mit nur geringem Grundwasserspeicher transportiert. Ein Beispiel hierfür ist z. B. das Ruhrgebiet welches mit Wasser aus dem Sauerland versorgt wird (Gebhardt et al. 2007: 451). Natürliche Speicher wie Flüsse und Seen werden insbesondere aus diesem Grund ebenfalls beeinflusst in dem ihr Abfluss durch Staustufen geregelt wird, oder ihre Kapazität in Form von Stauseen angehoben wird.

Da der Abfluss vom Gewässerquerschnitt und der Fließgeschwindigkeit abhängig ist, wird dieser auch durch gewässerbauliche Maßnahmen, wie Begradigungen und das Anlegen von Buhnen, in Bezug auf die Geschwindigkeit und Fahrwasserausbau (Tiefe) beim Querschnitt beeinflusst.

3.4 Abschließende Wasserbilanz für Deutschland

Für Deutschland kann an dieser Stelle, die in Kapitel 2.6 erwähnte, Wasserhaushaltgleichung aufgestellt werden. Setzt man die einzelnen Größen mit den Ergebnissen von Messungen, Schätzungen und berechneten Werten in die Gleichung so erhält man für den Input bei

859 mm (N) + 199 mm (Z) + 1 mm (tiefes Grundwasser) = 1059 mm.

Analog dazu die Berechnung für den Output des Wasserhaushalts:

554 mm (V) + 505 mm (A) = 1059 mm

Hierbei ist zu berücksichtigen, dass zur Verdunstung 11 mm aus Industrieprozessen und 11 mm Verdunstung von Wasserflächen addiert wurden sowie 10 mm Grundwasserabstrom dem Abfluss zu gesprochen wurden.

Diese Berechnung der Wasserbilanz zeigt, dass Deutschland bei langjähriger Betrachtung eine ausgeglichene Wasserbilanz vorzuweisen hat (Gebhardt et al. 2007: 454).

4 Fazit

Die Bundesrepublik Deutschland kann bei Betrachtung der Wasserbilanz mit Daten aus langjährigen Reihen, zumeist von 1961 - 1990, einen ausgeglichenen Wasserhaushalt vorweisen. Im Punkt Quantität ist also unter gegenwärtigen Gesichtspunkten für Gesamtdeutschland ausreichend Wasser vorhanden.

Während der Recherche wurde jedoch klar, dass es auch in Deutschland Räume gibt, in denen der Wasserbedarf größer ist als die natürlichen Ressourcen, weshalb stark in den natürlichen Wasserhaushalt eingegriffen wird, um diese Gebiete mit Wasser zu versorgen. Auch hier zeigt sich die Abhängigkeit des Wasserhaushalts von den verschiedenen Faktoren insbesondere vom Relief, im Hinblick auf den Niederschlag, sowie auch vom Untergrund und der Vegetation der jeweiligen Regionen bei Abfluss und Verdunstung. In solchen Regionen ist es deshalb nötig, Wasser aus entfernten Regionen zu beschaffen, damit eine Wasserversorgung sichergestellt ist.

Erfolgt diese Umverteilung rational und nachhaltig so ist sie, unter dem Umstand, dass die Wasserbilanz in Deutschland ausgeglichen ist, vertret- und nachvollziehbar.

Eine fortführende Fragestellung wäre die nach der Verteilung des Wassers in den einzelnen Regionen Deutschlands sowie der qualitative Gesichtspunkt.

Hier sollte jedoch zunächst nur ein Überblick über die einzelnen Größen der Wasserbilanzgleichung und dieser Selbst gegeben werden, um dann auf die Lage in Deutschland im Speziellen einzugehen.

5 Literaturverzeichnis

CIA (2009): The World Factbook - Germany.
<www.cia.gov/library/publications/the-world-factbook/geos/gm.html>
(15.11.2009)

Deutscher Wetterdienst (2009): Klimakarten von Deutschland - Grasreferenzverdunstung.
<www.dwd.de/bvbw/generator/Sites/DWDWWW/SiteGlobals/Functions/ImageDeliery-Img,templateId=renderImageDeliveryImg.null?tkImageFile=0E5D67BD0 4E1C6689AE2C3B2807 EAA0EEECC88A1> (17.11.2009)

Deutscher Wetterdienst (2009): Klimakarten von Deutschland - Niederschlagshöhen.
<www.dwd.de/bvbw/generator/Sites/DWDWWW/SiteGlobals/Functions/ImageDelivery-Img,templateId=renderImageDeliveryImg.null?tkImageFile= A00E8F05C493DBC23AE4FDD284438ED3DFD56B35> (17.11.2009)

Landesamt für Natur, Umwelt und Verbraucherschutz NRW (2009): Umsetzung der WRRL in der FGE Rhein - Tabelle 1.2-2 Statistische Angaben zu Hydrographie.
<www.niederrhein.nrw.de/niederrhein/tab/tab1_2_2.pdf> (17.11.2009)

Gebhardt, H. et al. (Hrsg.) (2007) : Geographie - Physische Geographie und Humangeographie. Heidelberg: Spektrum Akademischer Verlag.

Hochwassernachrichtendienst Bayern (HND Bayern) (2009): Pegel Passau Ilzstadt/Donau.
<http://www.hnd.bayern.de/pegel/abfluss/pegel_abfluss.php?pgnr=1009 2000&standalone=> (17.11.2009)

Irber, B./Bulling-Schröter, E./Hofreiter, A. (2009): Erklärung zur Wasserkraftnut-
zung am Wehr Geesthacht 10.März 2009. Berlin: Parlamentarische
Gruppe Frei fließende Gewässer.
<www.flussbuero.de/fileadmin/bund_bilder/Fluesse/Elbe/Erkl_rung_zur_
Wasserkraftnutzung_Geesthacht_100309.pdf> (19.11.2009)

Schönwiese, C.-D. (2008³): Klimatologie. Stuttgart: Eugen Ulmer Verlag, UTB.

Statistisches Bundesamt (Hrsg.) (2009): Statistisches Jahrbuch 2009 - Für die
Bundesrepublik Deutschland. Wiesbaden: Statistisches Bundesamt.

WSV: Wasser- und Schifffahrtsverwaltung des Bundes - Hydrologische Werte der
Weser und Nebenflüsse.
<www.wsv.de/wsa-hb/gewaesserkunde/images/Hydlist96-05.pdf>
(18.11.2009)

Wilhelm, F. (1997³): Hydrogeographie - Grundlagen der Allgemeinen Hydrogeographie. Braunschweig: Westermann Schulbuchverlag.

Zepp, H. (2008⁴): Geomorphologie - Eine Einführung. Paderborn, München, Wien,
Zürich: Ferdinand Schönigh, UTB.